BEI GRIN MACHT SICH IHR WISSEN BEZAHLT

- Wir veröffentlichen Ihre Hausarbeit,
  Bachelor- und Masterarbeit

- Ihr eigenes eBook und Buch -
  weltweit in allen wichtigen Shops

- Verdienen Sie an jedem Verkauf

Jetzt bei www.GRIN.com hochladen
und kostenlos publizieren

Oliver Thaßler

Landschaftsmalerei auf der Insel Rügen

GRIN Verlag

Bibliografische Information der Deutschen Nationalbibliothek:

Die Deutsche Bibliothek verzeichnet diese Publikation in der Deutschen National-
bibliografie; detaillierte bibliografische Daten sind im Internet über http://dnb.d-
nb.de/ abrufbar.

Impressum:

Copyright © 2009 GRIN Verlag GmbH
Druck und Bindung: Books on Demand GmbH, Norderstedt Germany
ISBN: 978-3-640-44797-8

Dieses Buch bei GRIN:

http://www.grin.com/de/e-book/136487/landschaftsmalerei-auf-der-insel-ruegen

GRIN - Your knowledge has value

Der GRIN Verlag publiziert seit 1998 wissenschaftliche Arbeiten von Studenten, Hochschullehrern und anderen Akademikern als eBook und gedrucktes Buch. Die Verlagswebsite www.grin.com ist die ideale Plattform zur Veröffentlichung von Hausarbeiten, Abschlussarbeiten, wissenschaftlichen Aufsätzen, Dissertationen und Fachbüchern.

Besuchen Sie uns im Internet:

http://www.grin.com/

http://www.facebook.com/grincom

http://www.twitter.com/grin_com

Landschaftsmalerei auf der Insel Rügen

Immer aber wird die Landschaft das Belebte Geschöpf bestimmen, es wird aus ihr selbst notwendig hervorgehen und zu ihr gehören müssen, solange die Landschaft Landschaft bleiben will und soll.

Carl Gustav Carus (1819)

Inhaltsverzeichnis

Quellen

Der Ostseeraum war und ist seit Jahrhunderten ein beliebtes Ziel für die Landschaftsmaler. Auch konnten sich an einigen Orten regelrechte Künstlerkolonien oder immer wieder bevorzugte Plätze herauskristallisieren. Das gilt für die Insel Vilm im Greifswalder Bodden insbesondere im 19. Jh, für die Orte Ahrenshoop und Schwan bei Rostock oder für die Inseln Rügen und Hiddensee. Beschaut man sich allein die Quantität der künstlerischen Motive und Bilder, so zeigt sich bis in die Gegenwart eine gewisse Bevorzugung der Insel Rügen, gleichwohl bezogen auf das Gebiet, welches heute Mecklenburg- Vorpommern darstellt. Dabei ist interessant, dass ein gleicher Ort oder ein Motiv sich entsprechend unterschiedlicher Landschaftsauffassungen und Naturideale in einem äußerst diversen Kolorit und den jeweiligen Kunstströmungen und Techniken angepassten Weise darstellt.

1. Die Landschaftsmalerei im 17 und 18 Jahrhundert

Ein frühes Zeugnis der Landschaftsmalerei stellen die Kartonentwürfe von RUTGER VON LAGERFELD aus dem Jahr 1695 dar. Sie zeigen die Landung des Großen Kurfürsten Preussens auf der Insel Rügen (Abbildung 1). Wenngleich auch im Bild die kurfürstliche Gesellschaft in den Mittelpunkt des Bildes gestellt ist, so gilt das Bild nach VOGEL und LICHTNAU (1993) doch als eines der frühsten Zeugnisse der Landschaftsmalerei von der Insel Rügen. Die Szenerie zeigt die Landung des Kurfürsten im Bereich des Greifswalder Boddens im südlichen Teil der Insel Rügen beim Ort Groß Stresow. Im hinteren Teil des Bildes sind die hügeligen Züge von Mönchgut zu sehen.

Abbildung 1: Pierre Mercier, Die Landung des Großen Kurfürsten auf Rügen, um 1695, Gobelin nach dem Kartonentwurf von Rutger von Lagerfeld (aus: VOGEL U. LICHTNAU 1993).

Als die ersten Landschaftsdarstellungen von Rügen dürften jedoch die Rügenradierungen JACOB PHILIPP HACKERTS (1737-1807) gelten. Er hielt sich von 1762 bis 1765 in Stralsund auf, bevor es ihn 1768 für immer nach Italien zog. 1763 war er Gast des Barons OLTHOFF in Boldevitz, und dort entstanden nach Naturstudien die Rügenblätter. In der Raumkomposition mit Diagonalgassen, Staffage und Versatzstücken, wie Bäumen oder Felsen bezog sich HACKERT auf die barocke Tradition der Landschaftsdarstellung.

Im Rahmen seines Rügenaufenthaltes entstanden auch die bekannten *Boldevitzer Wandtapeten*, die im Boldevitzer Gutshaus auf Rügen hängen und vor kurzem aufwändig restauriert worden sind. Sie stellen landschaftliche und komponierte Versatzstücke überhöhter Küstenlandschaften dar, die topografisch nicht die reale Landschaft abbildeten (Abbildung 2 und 3).

Abbildung 2: Boldevitzer Wandtapeten im Festsaal des Gutes Boldevitz (aus: PIECHOCKI 2007)

Abbildung 3: Boldevitzer Wandtapeten im Festsaal des Gutes Boldevitz (aus: PIECHOCKI 2007)

Erst als sich 1650 in Holland bei der führenden Klasse eine Hinwendung zum Bürgertum einsetzte, verlor die Landschaftsmalerei ihre realistische Haltung. JACOB VAN RUISDAEL pflegte in seinen Gemälden zwar noch gründliche Naturbeschreibung, doch er wählte alte Eichen und Ruinen, um die Landschaft zu individualisieren. Die Landschaftskunst Frankreichs mit Werken von NICOLAS POUSSIN und CLAUDE LORRAIN waren dementsprechend Kompositionen, in denen Landschaftselemente für eine stärkere, räumliche Bestimmtheit betont wurden und der ursprüngliche Zusammenhang der Dinge zugunsten optischer Klarheit des Bildes vereinfacht wurde.

Diese Kompositionsschemata der landschaftsmalerischen Schule der Franzosen CLAUDE LORRAIN und GASPARD DUGHET und der Holländer JACOB VON RUISDAEL oder ALLAERT VAN EVERDINGEN, die zu den führenden und gerühmten Landschaftsmalern des 18. Jh. gehörten, bildeten die Vorlage für HACKERTS Bilder. Sie wurden von ihm allerdings mit einem neuen weltanschaulichen Gehalt erfüllt. Die Landschaft wurde im achtzehnten Jahrhundert vom Bürgertum als Verbildlichung neuer gesellschaftlicher Ideale der Freiheit und gesunder Urwüchsigkeit betrachtet. Insofern spiegeln sich die weltanschaulichen Ansichten der Landschaftsmalerei auch in anderen Bereichen wider, wie der Gartenkunst und der Ablösung barocker Landschaftsgestaltung durch die Englischen Landschaftsgärten.

Die Landschaft und insbesondere die urwüchsige Natur war im Sinne der Aufklärung ein Beispiel schöner, geordneter Zweckmäßigkeit und vollendetem, organischen Zusammenwirkens. Zugleich diente die Natur aber auch als Sinnbild einer demokratischen Freizügigkeit und individuellen Selbstentfaltung, der nicht zuletzt durch die Schriften und der Zivilisationskritik ROUSSEAUS Vorschub geleistet wurde. Diese neue bürgerliche Ideologie wurde zunächst mit den Gestaltungsmitteln des Barock vermittelt, also mit der Formenpalette einer Zeit, die historisch bereits überholt war. HACKERT bedient sich noch dieser Formensprache. Er ist in diesem Zusammenhang aber nur ein Vertreter des bürgerlichen Landschaftsrealismus im achtzehnten Jahrhundert, der aufgrund seiner stilistischen Orientierung als *Hollandismus* bezeichnet wird. Meist werden dunkle Vordergründe, schematisch gestaltete Bäume, Steine oder Hügel gegen leichte und hell ausgeführte Fernen gestellt. Idyllische Staffageszenen, bewegte Naturstimmungen und die wild dramatische Gestaltung einzelner Baum- und Felsenformen, stürmischer Küstenregionen lassen aber auf seinen Blättern eine tiefere Bedeutsamkeit des Landschaftsbildes erkennen (Abbildungen 4 – 9).

HACKERT will vor der Natur zeichnen, aber seine Wirklichkeitserfassung besteht darin, das Sichtbare zu traditionellen Formeln zu vereinfachen. Er setzt aus Felsen, Ebenen, hohen Himmeln und Wellen „pittoreske Stücke" zusammen. Verallgemeinert oder gesteigert, bilden die Rügenmotive HACKERTS nicht die Eigenart Rügens wider. Sie wurden dem französisch-englischen Formenschatz angeglichen und zu heroischen Landschaftsbildern übersteigert. Dass HACKERT seine Szenerien in rügener Kulissen suchte, mag an der landschaftlichen Typenvielfalt gelegen haben.

Nach PIECHOCKI (2007, S.79) gehörte JOHANN PHILLIP HACKERT „zu denen, die sich im Kontext der Aufklärung bereits auf den Weg hin zum autonomen Bürgertum und zum selbstbestimmten Menschen gemacht haben. Hier liegt die entscheidende Bedeutung von HACKERT: er hat mit seinen Landschaftsbildern das neue europäische Denkmuster, Natur als Landschaft zu empfinden, auf die Insel gebracht."

Die Studien HACKERTS können als kunsthistorische Übergangstudien bezeichnet werden. Dem Kunstbetrachter in der zweiten Hälfte des achtzehnten Jahrhunderts war mehr an Inhalt der Landschaftsmalerei als an getreuer Naturwiedergabe gelegen. Es war genau dieser Symbolcharakter der Landschaftsmalerei, den HACKERT mit seiner Kunst verfolgte. Insofern sind die Staffierungen der die Landschaft betrachtenden Person Vorläufer der romantischen Bildgestaltung. Für VOGEL und LICHTNAU (1993) beschritt HACKERT die Folge einer spätbarocken Auffassung zu einer frühklassizistischen Gesinnung innerhalb der Landschaftsmalerei.

Abbildung 4: Rügenlandschaft I, 1763, Radierung, JOHANN PHILLIP HACKERT, (Kulturhistorisches Museum Stralsund).

Abbildung 5: Rügenlandschaft mit drei Reitern, 1763, Radierung, JOHANN PHILLIP HACKERT, (Kulturhistorisches Museum, Stralsund)

Abbildung 6: Rügenlandschaft VI, Radierung, JOHANN PHILLIP HACKERT, (Kulturhistorisches Museum Stralsund).

Abbildung 7: Rügenlandschaft VII, Radierung JOHANN PHILLIP HACKERT, (Kulturhistorisches Museum, Stralsund)

So strahlen die Arbeiten auch weit über regionale Grenzen hinweg. So äußert sich GOETHE in einem Brief von 1804 an SCHILLER über die HACKERTSCHEN Arbeiten: „Die angekommenen Hackert- Landschaften haben mir einen heiteren Morgen gemacht. Es sind außerordentliche Werke, von denen man, wenn man sich auch manches dabei erinnern lässt, doch sagen muss, dass sie kein anderer Lebender machen kann und wovon gewisse Teile niemals besser gemacht worden sind." (JOHANN WOLFGANG GOETHE zitiert in: FÖRSTER 1980)

Abbildung 8: Hiddensee im Sturm, 1764, Tuschzeichnung, JOHANN PHILLIP HACKERT, (Berlin Nationalgalerie).

Abbildung 9: Rügenlandschaft, 1763, JOHANN PHILLIP HACKERT, (Archiv Caspar David Friedrich Institut, Greifswald).

2. Die Landschaftsmalerei im 19 Jahrhundert

In Anknüpfung an die HACKERTSCHEN Studien zog es die in Vorpommern aufgewachsenen Maler CASPAR DAVID FRIEDRICH (1774-1840) und PHILIPP OTTO RUNGE (1777-1810) nach Rügen. Sie studierten in Kopenhagen, der bevorzugten Akademie aller Ostseeländer, gingen dann nach Dresden, wo FRIEDRICH sesshaft wurde, während RUNGE die letzten Jahre seines kurzen Lebens in Hamburg verbrachte. In der neuen Wahlheimat entfaltete sich ihre Kunst, ohne die enge Verbindung zu ihrem Herkunftsgebiet jemals zu verlieren. Wenn PHILIPP OTTO RUNGE über die Landschaftsdarstellung theoretisierte, so meinte er schon nicht mehr das Landschaftsbild im herkömmlichen Sinne. Er ging im Streben nach der Verbildlichung eines bekenntnishaften weltanschaulichen Gehaltes darüber hinaus und griff zur Naturallegorie. Das Programmwerk dieser Bestrebungen ist eine Stichfolge der Tageszeiten, in den Jahren von 1803 bis 1805 entstanden. Deshalb hat RUNGE als Theoretiker der romantischen Landschafts- und Naturdarstellung, keine eigentlichen Landschaftsbilder geschaffen. Lediglich in den Vorarbeiten zu seinen Porträts finden wir Zeichnungen, so in der Berliner National-Galerie die „Landschaft an der Peene", die einer wirklichkeitsnahen Landschaftsstudie entspricht. Als er 1806 auf Rügen weilte, fertigte er eine Auftragsmalerei für den Pastor KOSEGARTEN an. Dieser hatte ein Gemälde vor Augen, das die Thematik des Meeres in ihrer religiösen Durchdringung aufgreifen sollte. So entstand in der Kapelle Vitt unweit des Kap Arkona Runges Bild *Petrus auf dem Meer* (Abbildung 10).

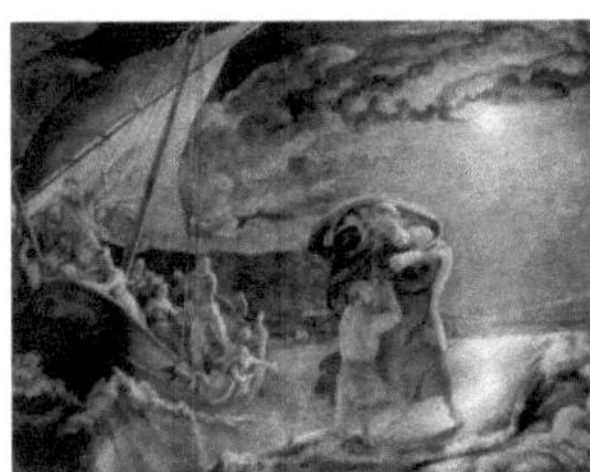

Abbildung 10: Petrus auf dem Meer, 1806, PHILIPP OTTO RUNGE, ÖL/LW.(Kunsthalle Hamburg)

CASPAR DAVID FRIEDRICH dagegen lernte Rügen 1794 auf den Wanderungen des Greifswalder Zeichenmeisters QUISTORP kennen, an denen er teilgenommen hat. In den frühen Arbeiten lassen sich zwar noch Verbindungen zur Dresdner Landschaftskunst des endenden achtzehnten Jahrhunderts und zur niederländischen Malerei ziehen, doch FRIEDRICH beginnt schnell mit eigenen Kompositionen, die einen neuen Schritt in die Landschaftsmalerei markieren. In beachtlicherem Maße als bei HACKERT kommt es bei ihm im Anfang des neunzehnten Jahrhunderts zu einer Rügenserie, welche die Insel mehr in das Blickfeld der Kunstwelt stellt. Die entscheidenden Reisen finden 1801 und 1802 statt. Es entstehen Federzeichnungen (Abbildungen 11-14), die in ihrer Komposition auf den Klassizismus führen.

Abbildung 11: Arkona, 1801, CASPAR DAVID FRIEDRICH, Feder. (Kupferstich Kabinett Dresden)

Abbildung 12: Klein Stubbenkammer, 1802, CASPAR DAVID FRIEDRICH, Feder. (Kupferstich Kabinett Dresden)

Abbildung 13: Stubbenkammer, 1801, CASPAR DAVID FRIEDRICH, Feder. (Kupferstich Kabinett Dresden)

Abbildung 14: Blick vom Göhrener Südstrand zum Nordstrand, 1801, CASPAR DAVID FRIEDRICH, Feder. (Kupferstich Kabinett Dresden)

Diese Zeit wird von HINZ (1983) als besonders prägend für C.D. FRIEDRICH interpretiert: Der Individualismus entwickelt sich aus einem erstarkten Bürgertum und führt auch in seiner Vereinsamung zu einem Bruch mit der Gesellschaft. FRIEDRICH wendet sich der Natur zu. Er entwickelt in der Landschaftsmalerei eine neue Position. Natur war für den Romantiker im Sinne von P. O. RUNGE eine Erscheinungsform Gottes. Wenn FRIEDRICH Landschaften malt und ihnen betrachtende Personen zustellt, wird hier auch das Verhältnis des Menschen zur gottbeseelten Natur dargestellt und Fragen der Existenz aufgeworfen. Der russische Dichter SHUKOWSKI hat 1821 Aussagen des Künstlers festgehalten, die als Schlüssel zu seinem Wesen gelten kann: „Ich muss allein bleiben und wissen, dass ich allein bin, um die Natur ganz zu schauen und zu fühlen. Ich muss mich dem hingeben, was mich umgibt, mich vereinigen mit meinen Wolken und Felsen, um das zu sein, was ich bin" (SHUKOWSKI zitiert in HINZ 1983).

Die bevorzugten Motive CASPAR DAVID FRIEDRICHS sind Gebirgslandschaften, insbesondere die der sächsischen Schweiz und Ostseeküstenlandschaften mit Schwerpunkt auf der Insel Rügen. Von Dresden aus hat FRIEDRICH mehrfach die Heimat besucht, und die Studienausbeute dieser Reisen trug in seinen Bildern und Sepiamalereien (Abbildungen 15-18) reiche Früchte. Er folgte darin der Tradition der Empfindsamkeit, die in der Literatur schon lange vorher beide Landschaftsformen als vorbildlich klassifiziert hatte. In ihnen drückte sich nach Ansicht der Zeit das Erhabene des göttlichen Urgrundes der Welt am Deutlichsten aus. Was er entdeckte und gestaltete, die tragischen, religiös ahnungsvollen Stimmungen des Naturlebens, fand keine bedeutende Nachfolge in der späteren Landschaftsmalerei Rügens. Schon zu Lebzeiten galt er mit seinen Anschauungen als altmodisch und überholt (vgl. ZSCHOCHE 2007).

Abbildung 15: Rügenlandschaft mit der Insel Vilm, 1809/10, CASPAR DAVID FRIEDRICH, Sepia, (aus: ZSCHOCHE 2007, S. 10)

Abbildung 16: Hünengrab am Meer, 1806/07, CASPAR DAVID FRIEDRICH, Sepia (Staatliche Kunstsammlung Weimar)

Abbildung 17 : Stubbenkammer, 1801, CASPAR DAVID FRIEDRICH, Sepia, (aus: PAWLAK, S. 272)

Abbildung 18 : Blick auf Arkona mit aufgehendem Mond, 1806, CASPAR DAVID FRIEDRICH, Sepia (Albertina Wien)

Wie WOLF (2003) festhält, unterliegen CASPAR DAVID FRIEDRICHS Bilder einer strengen Struktur, genauen Symmetrien, geometrischen Konstruktionen sowie dem Kontrast von Vertikalen und Horizontalen. Es ging FRIEDRICH nie um naturalistische Impressionen, vielmehr um *Stimmungslandschaften*, um psychische Resonanzräume. *Seelenvoll* solle ein Bild wirken, dann erfülle es den Worten FRIEDRICHS zufolge die Anforderung eines wahren Kunstwerks. Eine noch so genau am Vorbild der Natur orientierte oder nach akademischen Regeln gebaute Komposition könne zwar *musterhaft* sein, berühre aber den Betrachter nicht wirklich.

Die Arbeiten, die FRIEDRICH über Rügen hinterließ sind äußerst vielfältig. Da ist zum Einen das beeindruckende graphische Werk der Naturstudien, die zumeist mit Bleistift und Feder erstellt sind. In den detaillierten und mit einem Messraster versehenen Blättern finden sich getreue Abbildungen der Landschaften Rügens, die heute noch aufgefunden werden können und deren Elemente sich nachvollziehen lassen (vgl. ZSCHOCHE 2007). Zum Anderen finden sich Rügenansichten auf verschiedenen Ölgemälden. Die Bilder sind zumeist in seinem Dresdener Atelier entstanden und stellen Kompositionen aus Naturskizzen oder auch aus Versatzstücken verschiedener Skizzen. Obgleich diese konstruierten Landschaften in seinen Ölgemälden nicht immer naturgetreue Landschaften Rügens darstellen, so zeigt sich doch eine Bevorzugung einzelner Motive wie z.B. Steine, Steingräber, alte Baumgruppen, Küstenabschnitte und Kreideküstenpartien. Reduziert man die einzelnen Kompartimente auf den Ursprung der Zeichnungen, so finden sich wieder naturgetreue Szenen der Rügener Landschaft. Insofern ist das graphische Werk der Bleistiftzeichnungen FRIEDRICHS besonders für die Landschaftsinterpretation geeignet (Abbildungen 19-21).

Abbildung 19 : Kleine Stubbenkammer , 1815,
CASPAR DAVID FRIEDRICH, Bleistift
(Nationalgalerie Oslo)

*Abbildung 20 :*Stubbenkammer nahe der
Victoriaansicht, 1815, CASPAR DAVID
FRIEDRICH, Bleistift (Nationalgalerie Oslo)

Abbildung 21: Kreidefelsen auf Rügen, 1818-1822, CASPAR DAVID FRIEDRICH, Öl/Lw.
(Stiftung Reinhart Winterthur)

Das Gemälde *Kreidefelsen auf Rügen* gehört zu FRIEDRICHS bekanntesten Arbeiten. Sie ist in der Zeit zwischen 1818-1822 entstanden und geht auf drei Skizzen des Jahres 1815 zurück. Die Detailtreue und Ähnlichkeit der Zeichnungen gegenüber dem Gemälde ist unverkennbar. Insofern bleibt es verwunderlich, dass über Jahrzehnte das Kreidefelsenmotiv FRIEDRICHS an einer anderen Stelle gewähnt wurde. Die Zeichnungen bilden die topographische Situation der *Kleinen Stubbenkammer* ab, einem Kreideküstenabschnitt unweit des Königsstuhl. Die steile Kreidewand auf der rechten Seite des Gemäldes existiert nicht und wurde von FRIEDRICH erfunden.

Von FRIEDRICH unmittelbar beeinflusst, mit ihm befreundet und zeitweilig auch sein Schüler war CARL GUSTAV CARUS (1789-1869), ein Dresdener Arzt, Naturforscher und Maler. FRIEDRICHS Bilder und Berichte reizten ihn zu einer Rügenreise, die er 1819 antrat. CARUS Bildsuche fing sich vor allem am urwelthaften Charakter alter Baumgruppen und zyklopischer Felsblöcke und Hünengräber (Abbildungen 22-24). Nach 1820 und in den 1830er Jahren entstandenen Rügengemälde von CARL GUSTAV CARUS, die zum Einen die topographische Situation Rügens abbildeten, aber andererseits auch komponiert waren. Dementsprechend äußert er sich auch in seiner Reisebeschreibung: „Der nächste Punkt war die kleine bewaldete Insel Vilm, die ein paar Stunden östlich von Putbus im Bodden liegt (…). Es war ein prächtiger Sommernachmittag, das kleine Boot, nur von einem Fischer gerudert, glitt leicht über die schaukelnden Wellen, und bald waren wir unter den mächtigen Buchen und Eichen von Vilm gelandet. Ich kann sagen, ich habe kaum jemals wieder dies Gefühl so ganz reinen, schönen und einsamen Naturerlebens gehabt wie damals auf dem kleinen Eilande, das sonst niemand zu sehen pflegt, der Rügen besucht. (…). Ich habe späterhin in einem größeren Bilde: *Erinnerung an eine bewaldete Insel der Ostsee* (Abbildung 22), einiges aus dieser Szenerie zu reproduzieren versucht, und manche Betrachtende haben sich noch an diesem Schattenbilde erfreut, möchten die, die es verdient haben, sich an dem Urbilde (wenn es noch wie damals bestehen sollte, woran ich jedoch sehr zweifle) ebenfalls erquicken können“ (CARUS 1819).

Abbildung 22: Erinnerung an eine bewaldete Insel der Ostsee, 1835, CARL GUSTAV CARUS, Öl/Lw. (aus. PIECHOCKI 1999, S. 17).

Abbildung 23: Hünengrab im Mondschein, 1820, CARL GUSTAV CARUS, Öl/Lw. (Nationalgalerie Oslo)

Abbildung 24: Hünengrab im Mondschein, 1819 CARL GUSTAV CARUS, Öl/Papier (Thorvaldsen Museum Kopenhagen)

CARUS war durch seine medizinische Ausbildung analytisch geschult und brachte so eine naturwissenschaftliche Sichtweise in seine Bilder ein. Während FRIEDRICH in seinen Gemälden vor allem religiöse Intentionen vermitteln wollte und Sinnbilder göttlicher Durchdringung der Natur zeigen wollte, war CARUS auch an botanischer oder geologischer Richtigkeit seiner Angaben gelegen.

Neben den bedeutungsvoll überhöhten Stimmungskanon des Klassizismus und der Romantik ging auch ein breiter Strom sachlicher Gegenstandsschilderung einher, der sich in einigen Bildern CARUS schon andeutet. Mit dem Erstarken des Bürgertums vollzieht sich eine Aufsplitterung der Gesellschaft, in der auch die Künstler in eine neue, soziale Stellung geraten. Er wird zum Warenproduzenten, der damit in die Abhängigkeit des Verhältnisses von Angebot und Nachfrage gerät und angehalten ist, die Wünsche einer breiteren und unterschiedlicheren Interessentenschicht zu befriedigen. Das Bürgertum tritt als Auftraggeber in Erscheinung, aber gerade damit wird eine Entwicklung gefördert, die sich auf die nüchterne Wiedergabe der Wirklichkeit richtet. Diese unpathetische und sachliche, zugleich aber auch kleinliche und beschränkte Art und Weise der Landschaftsdarstellung hat in der ersten Hälfte des 19. Jahrhunderts als *Biedermeier* Eingang in die Kulturwissenschaften gefunden.

Besonders deutlich wird dieser Vorgang bei der Ansicht Kap Arkonas, das mehrfach kopiert wurde. Das FRIEDRICHSCHE Motiv vom Kap Arkona, dass von Vitt aus gezeichnet wurde, ist von den Stechern J. B. HASSEL und K. F. THIELE übernommen worden (Abbildungen 25 und 26). 1821 erschien bei AUGUST RÜCKER in Berlin eine „Malerische Reise durch Rügen". Die zwölf Blätter waren von THIELE gestochen, drei davon nach Arbeiten von CASPAR DAVID FRIEDRICH.

Abbildung 25: Arkona, 1821, CARL FRIEDRICH THIELE, Radierung (aus: ZSCHOCHE 2007, S. 73)

Abbildung 26: Blick auf Arkona mit aufgehendem Mond und Netzen, CASPAR DAVID FRIEDRICH, 1803, Sepia (aus: PAWLAK, S. 277)

Von dem erwachenden Interesse für die Naturschönheiten der pommerschen Küste und der Insel Rügen gingen auch die Arbeiten von JOHANN JACOB GRÜMBKE (1771—1849) hervor. Er schrieb 1805 unter dem Pseudonym „Indigena" seine „Streifzüge durch das Rügenland", dort illustrierte er seine Beschreibungen mit Darstellungen von Rügen, die sich in ihrer Standortwahl an das FRIEDRISCHE ouevre anlehnen (Abbildung 27).

Abbildung 27: Arkona, 1805, JOHANN JACOB GRÜMBKE, Stahlstich (Kulturhistorisches Museum Stralsund)

Auch die Arbeiten von JOHANN FRIEDRICH ROSMÄSLER (um 1775-1858) und JOHANN WILHELM BRÜGGEMANN (1785 - nach 1859) sind Beispiele einer Übernahme von Motiven. BRÜGGEMANN war gebürtiger Stralsunder, schon sein Vater war als Landschaftsmaler tätig gewesen, aber er selbst lebte und arbeitete in Berlin. In seinen Lithographien lehnte er sich eng an Arbeiten CASPAR DAVID FRIEDRICHS an, zum Teil verwendete er sie sogar direkt als Vorlagen. Diese Arbeiten zählten zur Gebrauchskunst (Abbildungen 28-30) und im kunsthistorischen Diskurs wird ihnen nicht die gleiche Bedeutung zugesprochen wie Arbeiten von CARUS oder FRIEDRICH. Sie waren als „Souvenirs" für Reisende und Heimatfreunde bestimmt (vgl. EWE 1992).

Abbildung 28: Große Stubbenkammer, 1835, JOHANN FRIEDRICH ROSMÄSLER, Stahlstich (Stadtarchiv Stralsund)

Abbildung 29: Die kleine Stubbenkammer, 1834, JOHANN FRIEDRICH ROSMÄSLER, Stahlstich (Stadtarchiv Stralsund)

Abbildung 30: Stubbenkammer auf Jasmund, 1830, JOHANN WILHELM BRÜGGEMANN, Stahlstich, (Kulturhistorisches Museum Stralsund)

Schon ganz im Sinne der klassizistischen Schule sind die Arbeiten von FRIEDRICH SCHINKEL zu beurteilen (Abbildungen 31 und 32). Seine Rügenbilder (*Stubbenkammer*, 1821 und *Rugard*, 1822) geben Beispiele der vielfältigen Natur, sind aber nicht von einer religiösen Symbolik durchdrungen. Wie sehr Schinkel von der Insel Rügen auf seiner Dienstreise von 1821 angetan war zeigt ein Zitat während seines Aufenthaltes: „Das anmutige Land von Rügen wird mir gewiss lange im Gedächtnis bleiben, ich bin soeben dabei, eine Aussicht von Stubbenkammer in eine Ölskizze zu endigen, die Sie sehen werden und sich dann allenfalls einen Begriff von dem Charakter des Landes machen können. Das Meer ist doch eine große Verschönerung aller Landschaften, und in so origineller Art, wie es sich von Rügen zeigt, wüsste ich es nirgendwo anders gesehen zu haben" (SCHINKEL 1821 zitiert in HAESE 2004).

Abbildung 31: Blick vom Königsstuhl auf Klein Stubbenkammer, 1821, FRIEDRICH SCHINKEL, Öl (aus: ZSCHOCHE 1998, S. 122)

Abbildung 32: Der Rugard auf Rügen, 1821, FRIEDRICH SCHINKEL, Öl/Lw. (Nationalgalerie Berlin)

In selbiger Tradition finden sich denn auch Werke von FRIEDRICH PRELLER D. Ä., der als Verehrer ungebändigter Natur Rügen als das malerisch reichste Land Europas pries. PRELLER ist als Maler der Odyssee berühmt geworden und malte im kunsthistorischen Übergang übersteigerter Landschaftsdarstellung und dem aufkommenden Naturalismus. FRIEDRICH PRELLER D. Ä. (1804-78) war insofern einer der letzten Vertreter der heroischen Landschafts-auffassung, was sich in der Lichtgestaltung und im Detail zeigt (Abbildung 33). Das Stimmungsvolle romantischer Landschaftsszenerien wird hier theaterhaft gesteigert und, wie bei der Düsseldorfer Schule mit dramatischen Effekten ausgestattet. Dreimal - 1837, 1839 und 1847 -besuchte PRELLER Rügen, und diese Studienaufenthalte waren der Entwicklung seines Landschaftsstils außerordentlich förderlich (vgl. PIECHOCKI 1999). Sein Schüler CARL HUMMEL (1821—1907) reiste gemeinsam mit ihm nach Rügen und zeigte sich insbesondere von der Kreidküste fasziniert (Abbildung 34 und 35).

Abbildung 33: Fischerkaten auf Rügen, 1839, FRIEDRICH PRELLER D. Ä., Öl/Lw.
(Kulturhistorisches Museum Stralsund)

Wie sehr Preller von den Landschaften Rügens angetan war, zeigt sein Vergleich mit Italien: „ Mit dem Ossian in der Tasche trat ich meine Wanderung durch verschiedene Teile der Insel an. Ganze Tage brachte ich an den Seeufern oder auf alten Hünengräbern zu. Ich hatte wieder ein Feld gefunden, auf dem ich Neues und Interessantes zu schaffen gedachte. Höhern Genuss als in Wind und Wetter einsam durch die Heide zu streifen, kannte ich nicht, und so rückte mir der Süden immer ferner- gerade das Entgegengesetzte fing an, mich zu erwärmen (...). Ich werde in Zukunft meine Studien wohl nur hier machen, denn reicher habe ich nie ein Land gesehen, selbst Italien nicht" (PRELLER zitiert in PIECHOCKI 1999, S. 50-51).

Abbildung 34: Steilküste bei Sassnitz, 1847,
CARL HUMMEL, Öl/Lw. (Stadtmuseum Bergen)

Abbildung 35: Kreidefelsen auf Rügen, 1840
CARL HUMMEL, Öl/Lw. (Museum Georg
Schäfer Schweinfurth)

Doch der kunst-historische und geschichtliche Zeitgeist wandelte sich. Mit dem Ausgang der Revolution von 1848 waren die Hoffnungen der fortschrittlichen Bürger gescheitert. Unter dem Eindruck der Reaktion wichen viele Zukunftserwartungen und das Aufgreifen heroischer Motive in den Gemälden. Es fand eine Reduktion auf das Wesentliche, auf das unpathetische Studium der Natur statt. Diesen Anspruch naturwissenschaftlicher Natur an die Landschaftsmalerei äußerte auch ALEXANDER VON HUMBOLDT (zitiert in LEITZMANN 1970). Als Vertreter dieser Zeit sind die Bilder von ADOLPH VON MENZEL zu verstehen (Abbildung 36).

Abbildung 36: Frau mit Sonnenschirm in den Dünen, 1851,
ADOLPH VON MENZEL, Bleistift (Nationalgalerie Berlin)

Schon nachdem Rügen durch die Befreiungskriege preußisch geworden war, entstanden zudem neue Beziehungen zur Stadt Berlin, die zu schwedisch- pommerschen Zeit nicht bestanden. Insofern war es selbstverständlich, dass Rügen auch in den Blickpunkt anderer Künstler geriet.

Der Berliner WILHELM STRECKFUß (1817-1896) ist ein Beispiel für zahlreiche stimmungsvolle Rügenlandschaften (Abbildungen 37 und 38). Als ein bedeutender Vorreiter dieser Zeit gilt KARL BLECHEN (1798-1840), der 1833 Rügen besuchte. Von ihm war auch STRECKFUß in seiner Frühzeit beeinflusst, denn seit 1831 lehrte BLECHEN als Professor an der Kunstakademie in Berlin. In JOHANN CLAUSEN DAHLS *Hünengrab im Winter* (1828) und in KARL BLECHENS Skizze der *Kreidefelsen* (1828, Cottbus) steht die Naturbeobachtung schon im Vordergrund. Dennoch wirken diese Werke romantisch. Doch hier ist Romantik nicht Weltanschauung wie bei FRIEDRICH, sondern eine Eigenschaft ehrwürdiger Dinge wie Steingräber und tausendjährige Eichen.

Abbildung 37: Klein Stubbenkammer, o.J.,
WILHELM STRECKFUß, Aquarell,
(Kulturhistorisches Museum Stralsund)

Abbildung 38: Thiessow auf Mönchgut, o.J.
WILHELM STRECKFUß, Lithographie
(Kulturhistorisches Museum Stralsund)

Wie KRIEGER (1987) festhält, steht BLECHEN in der Tradition der Landschaftsmalerei, die damals Rügen für sich entdeckte (Abbildungen 39): „ Vermutlich durch die Meeresbilder C.D. FRIEDRICHS und DAHLS angeregt, reiste BLECHEN im Sommer 1828 auf die Insel Rügen, wo er, noch vor der für ihn so entscheidenden Italienreise, großzügige und locker hingeschriebene Naturstudien machte, die seinen Blick für intime, unkonventionelle Motive wie seine aufgelichtete, für Lichtphänomene empfindliche Palette überraschend demonstrieren".

Abbildung 39: Die Stubbenkammer auf Rügen, 1828, KARL BLECHEN, Aquarell
(Herzog Anton Ulrich Museum Braunschweig)

3. Die Landschaftsmalerei im 20 und 21 Jahrhundert

Die Auswüchse der Industrialisierung, gesellschaftliche Spannungen und die Sehnsucht nach unberührter, heimatlicher Natur beförderten um 1900 Gedanken einer malerischen Heimatkunst. Aus einer Zivilisationskritik und der Suche nach bäuerlichen Idyllen entstand bspw. die *Worpsweder Künstlergruppe* (EHLER 2001). Bemerkenswert ist der Umstand, dass mit der Jahrhundertwende auch Rügen und Hiddensee wieder ins Blickfeld der Künstler gerieten. Eine Vertreterin einer bodenständigen Heimatkunst entlang der pommerschen Küste war die Malerin ELISABETH BÜCHSEL (1867—1957). 1904 entdeckte sie die Natur und die Bewohner der damals noch stillen und abgeschiedenen Insel Hiddensee für sich (Abbildung 40). Es war die Zeit, da nach dem Muster der französischen Impressionisten die Freilichtmalerei in Deutschland anfing (BAADE und STOCK O.J.).

Abbildung 40: Blick vom Schafberg zum Vilm, o.J., ELISABETH BÜCHSEL, Öl/Lw.
(Mönchguter Museum Göhren)

Mit OSKAR ZWINTSCHER als Vertreter des deutschen Symbolismus und Jugendstils, dem künstlerischen Schaffen von WILHELM OSTWALD und den Landschaftsgemälden von WALTER LEISTIKOW wird eindrucksvoll die gestalterische Kraft der *Pleinair-* Malerei belegt (Abbildungen 41 und 42). Diese Art der im Freien entstandenen Gemälde machte sich auch KARL HAGEMEISTER zueigen (Abbildungen 43 und 44), dieser *„gestaltete ab 1907 in Lohme auf Rügen monumental gesteigerte Ausschnitte der Landschaft"* (VOGEL und LICHTNAU 1993).

Abbildung 41: Steilküste bei Kap Arkona, 1911, OSKAR ZWINTSCHER, Aquarell (Staatl. Museum Dresden)

Abbildung 42: Blick über Vitt auf das Kap Arkona, 1886, WALTER LEISTIKOW, Öl/Lw.
(aus: VOGEL U. LICHTNAU 1993)

„HAGEMEISTER erinnerte sich an die unverfälschte Landschaft und die urwüchsigen Küsten der Ostsee und ihrer Inseln, die er Jahrzehnte zuvor als Schüler von PRELLER kennengelernt hatte. Er wusste, dass die Steilküste und der steinige Meeressaum im Osten von Rügen Voraussetzungen boten, die seinen malerischen Intentionen entsprachen. Die Meeres- und Seenlandschaft, die einzigartige Kreidefelsformation, die blühenden Wiesen und windverzerrten Bäume, die Fischer mit ihren Booten, die Bauern in ihren bescheidenen Häusern und der alles überspannende hohe Himmel boten und bieten Künstlern vom Klassizismus über Romantik, Naturalismus und Realismus bis zur Gegenwart unerschöpfliche Inspiration“ (BRÖHAN 1998, S. 32).

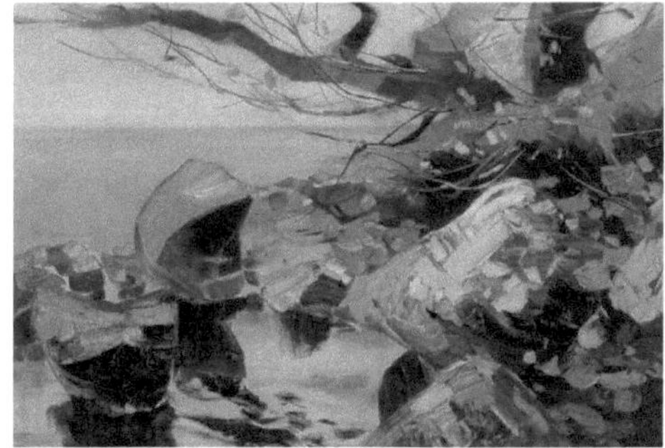

Abbildung 43: Küste bei Stubbenkammer, 1907-1915, KARL HAGEMEISTER, Pastell/Lw. (Bröhan-Museum Berlin)

Abbildung 44: Steilküste auf Rügen im Herbst, 1907-1915, KARL HAGEMEISTER, Öl/Lw. (Bröhan- Museum Berlin)

In der Zeit von 1909 bis 1930 malte FRITZ DISCHER auf der Insel Rügen. Nach VOGEL und LICHTNAU (1993) sind seine Arbeiten eine Brücke zur Landschaftsmalerei des späten 19. Jahrhunderts (Abbildungen 45 und 46). Nach LANKHEIT (1990) „entdeckte DISCHER für sich jene Gegend, die hinfort sein Lieblingsziel werden sollte: die Insel Rügen. Sein bevorzugter Aufenthalt war die Halbinsel Mönchgut. Da sind keine Ansichten, die zu romantischer Übersteigerung reizen, die Bilder sind meist auch menschenleer, selten sieht man ein Segelboot, eine einzelne bäuerliche Gestalt oder eine Kuh auf dem Weideboden. Die landschaftlichen Motive gleichen sich oft, dennoch sind sie im ständigen Wechsel der atmosphärischen Bedingungen, unter den dauernden Veränderungen von Licht, Luft, Wasser und Wolken jedesmal neu gesehen. Der Reichtum an Stimmungen ist groß, und gerade den Ballungen der ziehenden Wolken kommt dabei eine formale und zugleich thematische Bedeutung zu“.

Abbildung 45: Kreidefelsen im Abendlicht, 1930, FRITZ DISCHER, Öl/ Holz (Stiftung Pommern Kiel)

Abbildung 46: Mönchguter Landschaft, 1930, FRITZ DISCHER, Öl/ Lw. (Stiftung Pommern Kiel)

Der Expressionismus, der auf Rügen, Hiddensee und Vilm ab 1910 erste Blüten treibt, zeigt sich noch in ERICH HECKELS Holzschnitt *Boot vor Hiddensee*, dann markierte der erste Weltkrieg eine heftige Zensur in der Kunstszene. Konnten sich nach dem Krieg etliche Künstler in expressionistischer Tradition wähnen, so fand doch nach dem ersten Weltkrieg diese Kunstepoche ihren Ausklang und es entstand ein weiter gefächertes, künstlerisches ouevre.

Abbildung 47: Boot am Ufer, 1912, ERICH HECKELS, Holzschnitt (Altonaer Museum Hamburg)

Mit dem Abklingen der revolutionären Nachkriegssituation und in Opposition zum Expressionismus entfaltete sich die sogenannte *Neue Sachlichkeit*. Ihre nachdrückliche Betonung der Dingwirklichkeit, die statische großformatige Komposition, eine kühle Farbigkeit und eine großflächige Motivwahl und Oberflächengestaltung kennzeichnen sie. Mit ALEXANDER KANOLDTS (1881-1939) Lithographie *Hiddensee II* von 1927 zeigt sich ein Werk eines Hauptvertreters der neuen Sachlichkeit (Abbildung 48).

Abbildung 48: Hiddensee II, ALEXANDER KANOLDT, 1927, Lithographie (Altonaer Museum Hamburg)

Auch die Maler WILLY JAECKEL und WALTER GRAMATTE widmeten sich den Landschaften der Ostseeküste in starker Vereinfachung der Landschaft, oftmals menschenleer, mit einem klaren Bildaufbau (Abbildungen 49 und 50). So sehen auch VOGEL und LICHTNAU (1993) in der neuen Sachlichkeit *„eine Opposition zu dem allmählich museal werdenden Expressionismus."* In der graphischen Kleinkunst hat die Neue Sachlichkeit eine unübersehbare Breite erlangt, es sei hier auf zudem auf KARL HENNEMANN (geb. 1884) oder auf ERICH OCKERT (1889-1953) verwiesen.

Abbildung 49: Regenbogen über Hiddensee, 1925
WILLY JAECKEL, Öl/Lw. (Altonaer Museum Hamburg)

Abbildung 50: Hiddensee, 1922,
WALTER GRAMATTE, Öl/Lw.
(Altonaer Museum Hamburg)

Das Aufkeimen der nationalsozialistischen Partei Deutschlands, die Machtergreifung der Nazis und damit eine Gleichschaltung der staatlichen Organe bewirkte eine Umwälzung bisheriger, künstlerischer Arbeitsfelder. Kunst galt, wenn sie nicht dem menschenfeindlichen Bild arischer Kunst entsprach als entartet und Künstler wurden ihres Schaffens wegen verfolgt und ihre Werke vernichtet. Wie VOGEL und LICHTNAU (1993) betonen, bildeten sich die Inseln Rügen und Hiddensee jedoch als eine Nische innerhalb der kulturpolitischen Repressalien aus und wurden Zufluchtsort für das ungestörte, künstlerische Schaffen. Im Jahr 1939 verfasst der Maler WILLY JAECKEL einen Brief, der das damalige Gefühl auf der Insel Hiddensee aufgreift: „... Es ist ein eigenartiger Zustand, in dem ich mich befinde und eigenartig auch mein Verhältnis zu Hiddensee in diesem Sommer. Vielleicht ein ahnungsvolles Beschattetsein vor drohenden Ereignissen und kommendem Unheil für die Menschen, so dass ich mit aller Kraft das unvergängliche Selbst, sozusagen das Zentrum inmitten der Bedingungen suche und festhalten möchte ... Die Gedanken an die Außenwelt auf die Innenwelt zu richten, um zu erkennen, was wesentlich ist. Weißt Du, eine halbe Stunde friedliche Stille in sich hervorzuzaubern, die Gedanken beruhigen, so dass das Gemüt wie ein ruhiger Teich alles unverzerrt spiegeln kann" (WILLY JAECKEL zitiert in KLEIN 1990).

Bedingt durch die Trennung der beiden Teile Deutschlands, erwiesen sich die Jahre nach dem Ende des II. Weltkrieges als einschneidender für die Kunst auf Rügen und Hiddensee als nach dem ersten Weltkrieg. Wie CHRISTINE KNUPP (1977) belegt, gab es in den end-vierziger Jahren noch Aufenthalte von Künstlern aus den Westzonen auf den beiden Inseln, die in den 50er Jahren mit der Separierung Deutschlands in zwei Staaten abbrachen. In dem komplizierten Verhältnis der Herausbildung einer eigenen Kultur und Kunst im Ostteil Deutschlands bis zur Wiedervereinigung im Herbst 1990 lässt sich nach VOGEL und LICHTNAU (1993) jedoch eine kontinuierliche und eigenständige Kunstentwicklung auf Rügen und Hiddensee nachweisen.

Auch hier wirkten die beiden künstlerischen Pole weiter: Einerseits die Stabilisierung und Weiterentwicklung einer regionalen Kunst mit den Schwerpunkten Stralsund und Greifswald und andererseits befruchtende Reibungen mit Künstlern aus den geistigen und künstlerischen Zentren der ehemaligen DDR während der Sommeraufenthalte oder durch zeitweilige Ansiedlung. Mit zu den bleibenden künstlerischen Leistungen der endvierziger und frühen fünfziger Jahre zählen die sachlich- strengen und zugleich poetischen Holzschnitte des Berliner Graphikers HERBERT TUCHOLSKI mit Stralsunder und Rügener Motiven. Bis an das Lebensende malte und zeichnete ELISABETH BÜCHSEL auf der Insel Hiddensee, wie auch KATHARINA BAMBERG (Abbildung 51) und EDITH DETTMANN (Abbildung 52).

Abbildung 51: Alte Scheune mit Birnbaum, o.J., KATHARINA BAMBERG, Öl/ Lw.
(Kulturhistorisches Museum Stralsund)

Abbildung 52: Arkona, o.J., EDITH DETTMANN, Öl/Lw. (Kulturhistorisches Museum Stralsund)

ERICH KLIEFERT gestaltete u. a. Motive der Landschaft auf Rügen. HEINRICH LIETZ, 1947 aus der Kriegsgefangenschaft heimgekehrt, malte neben einer größeren Zahl tagesaktueller thematischer Bilder intensiv empfundene Rügenlandschaften. Die wohl stärkste, Künstlerpersönlichkeit war TOM BEYER, der sich 1935 in Göhren in einer Form innerer Emigration politischen Repressalien entzog. 1952 ließ er sich nach verschiedenen Funktionen als Maler und Zeichner in Stralsund nieder. Seine Landschaften und figürlichen Kompositionen aus dem Umkreis von Rügen und Hiddensee besitzen expressive Farbkraft (Abbildungen 53 und 54). Im späten Werk näherte er sich über eine Phase der Formberuhigung einem spätimpressionistischen Duktus an (VOGEL und LICHTNAU 1993).

Abbildung 53: Wissower Klinken, 1974,
TOM BEYER, Öl/Lw. (Mönchguter Museum Göhren)

Abbildung 54: Kirche in Middelhagen mit Bauern-
Bauernhaus, 1954, Öl/Lw.
(Mönchguter Museum Göhren)

In produktiver Weiterführung bewährter akademischer Ausbildungsformen organisierte HERBERT WEGEHAUPT seit den frühen 50er Jahren - in modifizierter Weise bis in die Gegenwart weitergeführt - künstlerische Praktika mit Studenten und Kollegen des Instituts für Kunsterziehung Greifswald auf Mönchgut. Viele Studenten nahmen hier Anregungen für das eigene künstlerische Schaffen auf und erwarben tiefe innere Beziehungen zu der Landschaft und den Menschen an der Küste (VOGEL und LICHTNAU 1993).

Als ein Vertreter der künstlerisch aktiven Lehrkräfte am Greifswalder Institut für Kunsterziehung gilt MARTIN FRANZ. Seit den 50er Jahren bis in die Gegenwart fasziniert ihn immer wieder die herbe Schönheit rügenscher Landschaften (Abbildung 55). Im Verlaufe seiner künstlerischen Entwicklung gelangte er zu einer schöpferischen Weiterführung der Gestaltungsauffassungen HERBERT WEGEHAUPTS. Sein malerisches Werk ist durch ein lebendiges Wechselspiel von farbigen, gerüstbildenden Lineaturen und kraftvoll korrespondierenden Farbflächen geprägt (vgl. VOGEL und LICHTNAU 1993).

Abbildung 55: Altsaßnitz, 1990, MARTIN FRANZ, Öl/ Papier (aus: VOGEL und LICHTNAU 1993, S. 132)

In den 60er Jahren kam es dann durch die Ansiedlung junger Künstler wie GUDRUN ARNOLD in Saßnitz, ANNELIESE HOGE in Bergen und später HANS-DIETER BARTEL bei Sargard zu einer Belebung der Kunst auf Rügen. Obwohl Hiddensee immer wieder von Künstlern aufgesucht wird, die Insel Vilm als Regierungs-Ferienobjekt bis 1989/90 nicht mehr öffentlich zugänglich war, verlagerte sich das künstlerische Interesse wieder nach Rügen (Abbildungen 56 und 57).

Abbildung 56: Altsaßnitz, 1988, GUDRUN ARNOLD, Acryl, Privatbesitz

Abbildung 57: Nördlich Arkona, 1997, HANS-DIETER BARTEL, Öl/Lw. (aus: FÖRDERVEREIN KAP ARKONA 2006, S. 11)

Nachhaltige Impulse strahlte das expressiv-farbstarke Werk des Berliner Malers und Graphikers WOLFGANG FRANKENSTEIN (1962 bis 1965 künstlerischer Professor am Greifswalder Institut für Kunsterziehung) aus. Anfang der 60er Jahre bis in die 70er Jahre schuf er eine Reihe Rügenlandschaften, die neben der Weite der Landschaft in expressiver Farbintensität dramatische atmosphärische Erscheinungen erfassen (Abbildung 58). In schöpferischer Weise rezipierte W. FRANKENSTEIN romantische Positionen CASPAR DAVID FRIEDRICHS (CLAUßNITZER 1978).

Abbildung 58: Große Wolke über Mönchgut, 1964, WOLFGANG. FRANKENSTEIN Mischtechnik/ Hartfaser (Stadtmuseum Greifswald)

Ab der zweiten Hälfte der 60er Jahre erweiterte sich das Erscheinungsbild der Kunst an der Ostsee beträchtlich -GUDRUN ARNOLD schuf prägnante Bildnisse rügenscher Bewohner und intensiv erlebte Landschaftsbilder; ANNELIESE HOGE widmete sich neben der Malerei zunehmend der Graphik und erarbeitete einen stark von Strukturen bestimmten Stil. Regelmäßige Rügen-Aufenthalte Rostocker Künstlerkollegen wie RUDOLF AUSTEN, KARL HEINZ KUHN, HEIN/ WODZICKA, LOTHAR MANNEWITZ (Abbildungen 59 und 60) u. a. führten zu einer neuen Qualität der Landschaftsmalerei auf Rügen.

Abbildung 59: Kap Arkona, 1974, LOTHAR MANNEWITZ, Öl/Lw. (Kulturhistorisches Museum Stralsund)

Abbildung 60: Kreideküste auf Rügen, 1971, Öl/Lw. (Mönchguter Museum Göhren)

In den 70er Jahren richtete sich GERHARD STÖTZER auf Rügen ein Sommeratelier ein. WIELAND FÖRSTER hielt sich in dieser Zeit wiederholt hier auf (FÖRSTER 1974). Neben bildhauerischen Arbeiten entstanden vielfältige Zeichnungen zur Landschaft und Natur Rügens. Von den jüngeren Künstlern arbeiteten die Stralsunder HERMANN LINDNER (Abbildung 61) und SIEGFRIED KORTH- wegen ungewöhnlicher künstlerischer Gestaltungsauffassungen oftmals kritisch bewertet - auf Rügen (vgl. BAADE U. STOCK 1992).

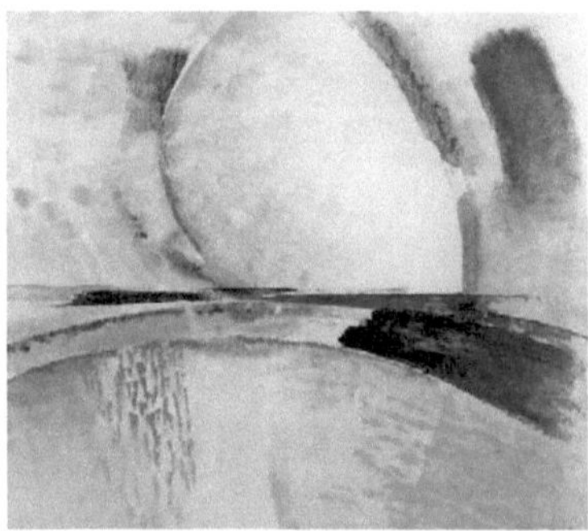

Abbildung 61: Blick auf Arkona, 1989, HERMANN LINDNER, Öl/Lw. (Kulturhistorisches Museum Stralsund)

Einer der markanten jüngeren Künstler, dessen Werk gegen Widerstände Anerkennung fand, war MANFRED KASTNER. 1984 siedelte er von Stralsund nach Juliusruh über; 1988 verstarb er an den Folgen eines Verkehrsunfalls. Sein umfangreiches malerisches und druckgraphisches Werk, das Anregungen aus dem Surrealismus aufgriff, wurde in einem beträchtlichen Maße von der herben Landschaft Rügens mit gespeist (Abbildungen 62 und 63).

Abbildung 62: Seezeichen, 1980, MANFRED KASTNER, Öl/Lw. (Kulturhistorisches Museum Stralsund)

Abbildung 63: Mond und Meer, MANFRED KASTNER, Öl/Lw. (DR. PHYL Greifswald)

Seit den 80er Jahren wies die Kunst auf Rügen eine beträchtliche Vitalisierung und Differenzierung der stilistischen Auffassungen auf. Eine Vielzahl Künstler der mittleren und jüngeren Generation fand auf Rügen geeignete Arbeits- und Lebensverhältnisse; so die Maler, Graphiker, Textil-, Holzgestalter WALTER G. GOES (Bergen), HEIDRUN UND HANS-WERNER KRATZSCH (Neuenkirchen), HEINZ MEWIUS (ebenda), HENDRIK TAUCHE (Sellin), KLAUS WALTER (Göhren) und SABINE BURWITZ (Pantow).

Obwohl Rügen kein Zentrum avantgardistischer Kunstentwicklung ist -beispielsweise finden gattungsübergreifende oder aktionistische Richtungen der Kunst kaum eine Ausprägung - und gegenwärtig auf Hiddensee, außer dem Maler und Graphiker EGGERT GUSTAVS, kein bildender Künstler dort längere Zeit arbeitet, so ist doch die Skala der künstlerischen Ausdrucksmittel im Zusammenwirken der verschiedenen Generationen beachtenswert. Auffassungen der späten *Pleinair*-Malerei und des Impressionismus finden ihre Weiterführung, wie etwa bei GÜNTER RIECHERT. Im malerischen und graphischen Werk jüngerer Künstler, so bei WALTER G. GOES, HENDRIK TAUCHE und KLAUS WALTER, lassen sich Tendenzen einer expressiv-gestischen oder zeichenhaft-abstrakten, die Strukturen betonenden Gestaltungsauffassung beobachten (Abbildung 64). Eine ursprüngliche naive Gestaltungskraft kennzeichnet die Arbeiten des Holzbildhauers HEINZ MEWIUS (Abbildung 65). Das Wirken sowohl Stralsunder Maler und Zeichner wie HERMANN LINDNER, GISELA PESCHKE, als auch auswärtiger Künstler bereichert ungemein das Erscheinungsbild gegenwärtiger Kunst auf Rügen. Die Zahl der Kunstschaffenden, die sich besonders in den Sommermonaten auf der Insel Rügen einfinden ist schier unübersichtlich groß geworden, doch auch diese Entwicklung scheint bekannt: „Maler und Malerinnen sieht man übrigens massenhaft. Jeder zweite hat ein Skizzenbuch oder Malkasten…" (WILHELM OSTWALD 1886 zitiert in ZIMMERMANN 1992)

Abbildung 64: Kreidefelsen zum Meer, 2006
WALTER G. GOES, Aquarell
(aus: FÖRDERVEREIN KAP ARKONA 2006, S. 15)

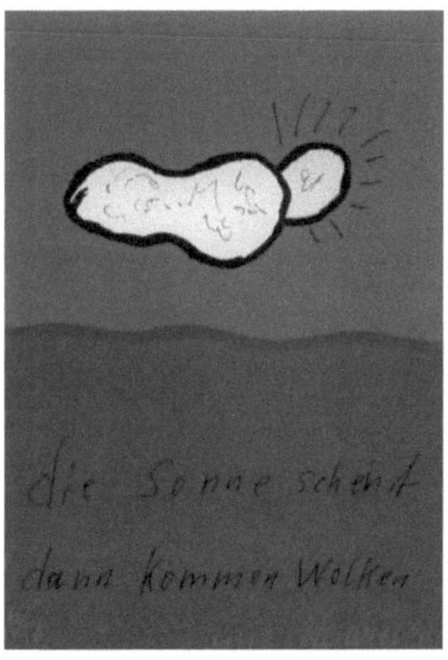

Abbildung 65: Ohne Titel, 1996
HEINZ MEWIUS, Handsiebdruck
(aus: FÖRDERVEREIN KAP ARKONA 2006, S. 23)

4. Zusammenfassung

Die Landschaften der Insel Rügen scheinen eine nicht so versiegende Quelle für Kunstschaffende zu sein. Sei es, dass sie Motiv für die verschiedensten Gemälde sind oder sie als Quelle des künstlerischen Schaffens, wie z.B. der Bildhauerei dienen. Die landschaftliche Vielfalt ist sicher einer der Hauptumstände, dass sich die Tradition der Landschaftsmalerei seit Jahrhunderten auf der Insel Rügen hält. Von den ersten Gemälden des 18. Jahrhunderts, die sich in ihrer Formansprache noch an italienisch-barocke Ideale halten bis zu Siebdrucktechniken, wo Landschaft auf eine abstrakte Ebene gehoben wird und der topographische Bezug aufgehoben wird. Auf Rügen spiegelt sich eben nicht nur die landschaftliche Vielfalt wider, sondern auch die der Kunst. Insofern lässt sich anhand der auf Rügen entstandenen Bilder auch die gesamte Kunstgeschichte der letzten 200 Jahre nachzeichnen.

Dort, wo die Arbeiten geländetreu blieben, kommt sogar noch ein weiteres bereicherndes Moment dazu: Die Arbeiten dokumentieren den Wandel der Landschaft, sie sind Momentaufnahmen einer sich organisch wandelnden Kulturlandschaft. Die Beschäftigung mit Landschaftsmalerei bekommt damit ein transdisziplinäres Muster. Landschaft erhält insofern in der Malerei eine neue Wertigkeit, es sind die im Freien und dann im Bild wert geschätzten Orte, es sind von Menschen ausgewählte Orte. Es sind Plätze, für die es Verantwortung geben muss, die landschaftsplanerische Berücksichtigung finden müssten, insbesondere wenn sie über Jahrhunderte das Interesse der Menschen weckten.

Zeitabschnitt und Jahre n.Chr. [3,5]	Jahre vor der Gegenwart	Geschichtlicher Abschnitt [1]	Kulturlandschaftsphasen (überregional) [4,5,6]	Politisch-gesellschaftliches System [7,8]	Kunstepochen (überregional) [2]
1990		Gegenwart	Hochindustrielle Kulturlandschaft	Demokratie	Postmoderne
1945	55	DDR- Zeit		Real- Sozialismus	Internationaler Stil
1919	81			Nationalsozialistische Diktatur	Expressionismus
				Republikanische Demokratie	Dada und Surrealismus / Kubismus
		Preußenzeit	Industrielle Kulturlandschaft	Aufgeklärter Absolutismus Königl. Preußischer Staat (Ersetzung der Stände durch Steuerklassen und Parteien, Einrichtung eines Landtages)	Impressionismus
1815	185				Romantik
				Feudalismus Königl. Schwedisch- Pommern (Ständestaat, Deutsches Land unter schwedischer Krone	Klassizismus
		Schwedenzeit			Rokoko
1648	352				Barock
				Feudalismus Herzogtum Pommern- Wolgast (Einführung des Protestantismus)	Manierismus
1534	466	Pommernzeit	Vorindustrielle Kulturlandschaft (Intensive Landnutzung)	Feudalismus	

Abbildung 66: Sozio- kulturelle Entwicklung auf Rügen vom 16 Jh. bis zur Gegenwart (Entwurf: O. Thassler)

[1] ABTS, C. (1998), [2] BRAUN, H. (1974), [3] DUPHORN, K. ET AL. (1995), [4] JESCHKE, L. (2001), [5] KNAPP, H.D. ET AL. (1985), [6] LANGE, E. ET AL. (1986), [7] STEFFEN, W. (1963), [8] VANA, Z. (1992)

29

Quellen

Abts, C. (1998): Die Güter der Insel Rügen und ihre Gärten, Berlin (Technische Universität Berlin), Landschaftsentwicklung und Umweltforschung, Schriftenreihe im Fachbereich Umwelt und Gesellschaft, Sonderheft S 12, 126 S.

Baade, M. u. W-D. Stock (1992): Hiddensee. Insel der Fischer, Maler und Poeten.

Braun, H. (1974): Formen der Kunst, Eine Einführung in die Kunstgeschichte. München (Verlag Martin Lurz), 523 S.

Bröhan, M. (1998): Karl Hagemeister. Nicolai Verlag. Berlin

Carus, C.G. (1819): Eine Rügenreise. Ernst Wähmann Verlag. Schwerin 1982. Reproduktion

Claußnitzer, G. (1978): Wolfgang Frankenstein. Malerei und Graphik. Verlag der Kunst. Dresden

Duphorn et al. (1995): Die deutsche Ostseeküste.- Sammlung Geologischer Führer 88, Berlin/ Stuttgart (Gebrüder Borntraeger), 281 S.

Ehler, M. (2001): Rückzug ins Paradies. Die Künstlerkolonien Worpswede- Ahrenshoop- Schwaan. Lukas Verlag

Ehler, M. u. M. Müller (2004): Schinkel und seine Schüler. Thomas Helms Verlag.

Ewe, H. (1992): Das schöne Rügen. Hinstorff Verlag. Rostock.

Förderverein Kap Arkona (2006): Inselwerke. Rügen Druck. Putbus.

Förster, A. (1980): Jakob Phillip Hackert. Dresden.

Förster, W. (1974): Rügenlandschaft. Hommage a Caspar David Friedrich. Union Verlag. Berlin

Haese, K. (2004): Schinkels Beziehung zu Vorpommern. In: Ehler, M. u. M. Müller (Hrsg.): Schinkel und seine Schüler. Thomas Helms Verlag. S. 69-72

Hinz, S. (1984): Caspar David Friedrich in Briefen und Bekenntnissen. Berlin

Insula Rugia (2007): Rügen Jahrbuch. Rügen Druck Putbus.

Jeschke, L. (2001): Das Werden der mitteleuropäischen Kulturlandschaft. In: Succow, M.; L. Jeschke; H. D. Knapp (2001): Die Krise als Chance, Naturschutz in neuer Dimension-, Neuenhagen (Findling Verlag), S. 100-113

Klein, D. (1990): Der Expressionist Willy Jaeckel 1888-1944. Gemälde, Biographie, Künstlerbriefe. Köln.

Knapp, H. D.; L. Jeschke & M. Succow (1985): Gefährdete Pflanzengesellschaften auf dem Territorium der DDR.- Kulturbund der DDR, Zentraler Fachausschuss Botanik, Berlin, 185 S.

Knupp, Ch. (1977): Rügen- Vilm- Hiddensee. Norddeutsche Künstlerkolonien II. Hamburg.

Krieger, P. (1987): Carl Blechen. In: Galerie der Romantik. Berlin.

Lange, E.; L. Jeschke; H. D. Knapp (1986): Ralswiek und Rügen, Landschaftsentwicklung und Siedlungsgeschichte der Ostseeinsel, Berlin (Akademie Verlag), Akademie der Wissenschaften der DDR, Schriften zur Ur- und Frühgeschichte 38, 174 S, Beilagen

Lankheit, K. (1990): Der Berliner Maler Fritz Discher. In: Stiftung Pommern (Hrsg.): Fritz Discher. Rügen- Impressionen. Kiel.

Leitzmann, A. (Hrsg.): Humboldt, Wilhelm von: Tagebuch von seiner Reise nach Norddeutschland im Jahre 1796. Bern. 1970.

Pawlak, M. (o.J.): Caspar David Friedrich. Das gesamte graphische Werk. Verlagsgesellschaft Herrsching, München, 880 S.

Piechocki, R. (1999): Romantiker auf Rügen, Hiddensee und Vilm. Putbus. Rügen-Druck.

Piechocki, R. (2007): Hackerts Landschaftstapeten. In: Insula Rugia e.V. (Hrsg.): Rugia. Rügen-Jahrbuch, S. 77-82

Steffen, W. (1963): Kulturgeschichte von Rügen bis 1815, Beiträge der Historischen Kommission für Pommern, Reihe 5, Forschungen zur Pommerschen Geschichte, Heft 5, Köln (Böhlau Verlag), 399 S.

Stiftung Pommern (1990): Fritz Discher. Rügen- Impressionen. Kiel.

Vana, Z. (1992): Mythologie und Götterwelt der slawischen Völker, Stuttgart (Urachhaus), 327 S.

Vogel, G. u. B. Lichtnau (1993): Rügen als Künstlerinsel. Verlag Atelier im Bauernhaus.

Wolf, N. (2003): Friedrich. Taschen Verlag. Köln.

Zimmermann, R. (1992): Wilhelm Ostwald. Ostseebilder. Baltic Verlag. Stralsund

Zschoche, H. (1998): Caspar David Friedrich auf Rügen. Verlag der Kunst. Husum.

Zschoche, H. (2007): Caspar David Friedrichs Rügen. Verlag der Kunst. Husum.